ФРИЦ РАСКОП
инженер-съветник по електроизолационна техника

ИЗОЛАЦИОННИ ЛАКОВЕ

РЪКОВОДСТВО ЗА ПРАКТИЧЕСКО ИЗПОЛЗУВАНЕ НА СЪВРЕМЕННИТЕ ЕЛЕКТРОИЗОЛАЦИОННИ ЛАКОВЕ В ЕЛЕКТРИЧЕСКИТЕ МАШИНИ, ТРАНСФОРМАТОРИТЕ И СИЛНОТОКОВИТЕ АПАРАТУРИ

Превел от немски
инж. *Петър Липанов*

ДЪРЖАВНО ИЗДАТЕЛСТВО „ТЕХНИКА"
СОФИЯ * 1958

Fritz Raskop

JSOLIERLACKFIBEL

Technischer Verlag Herbert Gram. Berlin W 35
1955

УВОД

През последните години настъпи такъв прелом в развитието на важната специална област на електроизолационните лакове, който изисква издаването на едно леснодостъпно специално ръководство с оглед на успешното прилагане на тези лакове.

Настоящата брошура трябва да отговори на това изискване. Тя е предназначена предимно за широкия кръг на потребителите в различните отдели на електротехниката, но особено за специалистите, които имат работа непосредствено с практическото приложение на изолационните лакове при производството на електрически машини, трансформатори и силнотокови апаратури.

В следващото изложение, предназначено за специалистите, ще се изхожда от предпоставката, че производството на електроизолационни лакове е работа на химика, специализирал се в тази област, но че все пак за успешното прилагане на тези лакове от страна на потребителите е необходимо известно познаване на структурата на суровия материал и на произтичащите оттук особености на различните видове лакове.

В последно време химията, занимаваща се с лаковите суровини, създаде голям брой нови, предимно синтетични суровини, с помощта на които бе постигнат забележителен напредък в областта на изолационните лакове. За да може да се възползува от произтичащите оттук качествени предимства, за потребителя е необходимо да проникне по-дълбоко, отколкото досега, в областта на изолационните лакове. В непосредствена връзка с това се разглеждат различните методи на приложение, както и инсталациите за импрегниране и сушене съобразно с практическия опит. Само целесъобразното приложение на изолационните лакове и необходимите инсталации за това позволяват да се постигне един пълноценен краен успех, към който се стремят еднакво както производителят, така и потребителят.

В този смисъл ние се надяваме, че настоящата брошура ще изпълни своето предназначение. Тя трябва да бъде съединителното звено между производителя и потребителя и да отговори на професионалните въпроси, които очакват ясното си обяснение по пътя на опита в интереса и на двете страни.

Раздел I

ОБЩИ БЕЛЕЖКИ

Кратък преглед на развитието на електроизолационните лакове до днешното състояние на импрегнационната техника

Във връзка с изработването на първата динамоелектрическа машина от фирмата Сименс С-ие Халске — Берлин, изолационни лакове се прилагат в електромашиностроенето още от 1866 г. По онова време се е касаело за шеллакове, които са били получавани от познатия люспест шеллак (твърди тела) и спирт (разтворител и разредител) и днес все още се използуват за други цели (политури и др.).

Тогавашната причина за използуване на тези изолационни лакове и до днес не се е променила съществено. Импрегнирането на бобините на електрическите машини трябваше да придаде на способните да поглъщат лака материали (изолиране на проводниците, изолиране на телата — прешпан, хартия, памук, лен) известна постоянна влагоустойчивост и с това по-добра изолационна стойност, както и по-здраво механично свързване на сноповете проводници (добро изпичане).

Практическото приложение на шеллак-изолационните лакове беше много просто. Бобините се потапяха в лакова баня и се изсушаваха на въздух или при умерена температура.

Ако по онова време тези изолационни лакове отговаряха на изискванията, това се дължи на сравнително малките постоянни напрежения на генераторите и консуматорите (65 ÷ 110 волта, по-късно 220 волта) и на малките за днешните разбирания експлоатационни изисквания, които се поставяха тогава по отношение на производителността и продължителността на живота на машините.

Техниката не познава абсолютен покой и в началото на века на техниката се появиха на пазара по-добри изолационни лакове, получени от съхливи масла, естествени смоли, асфалт (като твърди материали) и бензин-бензоловъглероди (като разтворители и разредители), под общото понятие „маслени лакове".

Повишените изисквания, които развитието на техниката постави пред бобините на електрическите машини, доведоха и до качествено по-добри изолационни лакове, които конструкторите на електрически машини приеха с удоволствие като успешни импрегнационни средства. Но всеки напредък изисква да се преодолеят известни затруднения.

Изискванията, които трябваше да бъдат поставени пред потребителите с оглед на успешното използуване на маслените лакове, станаха по-големи и по-разнообразни. Започнаха да се използуват сушилни пещи за необходимото **дълбоко сушене** и от натрупания опит произтече необходимостта температурите на сушене да бъдат регулирани чрез подходящи регулационни апарати съобразно с принципите, добити от опит.

След това настъпи моментът, когато мълчаливо приеманите недостатъци на естествените лакови суровини бяха признати, и американецът Бакеланд (1907 — 1908) доказа със своето откритие[1], че тези недостатъци могат да бъдат преодолени в по-голяма или по-малка степен само чрез създаването на изкуствени смоли.

Човекът победи природата, но трябваше да положи много усилия за това.

Чрез откритието на Бакеланд бяха създадени изкуствени смоли със съвършено нови качества, между които термореактивността им в хода на един химически процес (кондензация) изпъкна на преден план като най-интересното и най-важното явление за потребителите на изолационните лакове.

Термореактивните изкуственосмолни лакове бяха превърнати най-напред само чрез топлина от течно в твърдо, „неразтворимо" състояние (образуване на лаков филм). Изсушените (втвърдени) веднъж по този начин изолационни лакове не променяха това си пределно състояние и при по-сетнешна висока работна температура.

Само това важно качество бе достатъчно, за да доведе до решаващо важен обрат в областта на електроизолационните лакове в полза на изкуствените смоли, и то особено при производството на електрически машини, трансформатори и силнотокови апаратури. По-късно ще се спрем по-подробно на това. Но както винаги и тук бяха необходими много усилия за постигане на тези успехи.

---

[1] Създател на изкуствената смола (фенол-формалдехидната) — бакелити. Бел. ред.

Отначало смущаваше напомнящата болница миризма (фенолкарбол), която обаче — не винаги без противене — с време бе приета.

Но не беше само миризмата; много повече смущаваха онези изисквания, които поставяха пред потребителите по отношение на спазването на една определена температура на сушене — и както се установи много скоро — и на една определена крива на сушене.

Докато експлоатационните изисквания към електрическите генератори и консуматори се повишаваха (високи честоти, високи напрежения), вакуумният импрегнационен метод навлезе в импрегнационната техника и производителите на лакове, както и химиците, работещи в тази област, предприеха успешни опити да отговорят на повишаващите се изисквания чрез постоянни подобрения в суровинния и рецептурния състав на електроизолационните материали и дадоха своя принос в обусловения от развитието прогрес.

Изискванията към потребителите на изолационни лакове неизбежно продължаваха да се повишават. Новите, по-добри лакови суровини и получаваните от тях подобрени изолационни лакове изискват сега съответни съоръжения, методи на прилож‹ние и правилно разбиране на предписаните от производителя необходими указания.

До това време изолационните лакове се състояха изцяло от 50% твърди материали от органичен произход и от 50% течни материали (разтворители и разредители).

Напоследък значително голямото вече семейство на изолационните лакове получи странен прираст чрез каталитично втвърдяващите се изливани смоли и лакове.[1]

Тук се касае за много важни, сполучливи продукти, които за разлика от досега познатите и споменати, съдържащи разтворители изолационни лакове, не съдържат разтворители и по тази причина и при сушене практически не получават намаление на обема си, какъвто за съжаление е случаят при съдържащите разтворители лакове. Странно е, но е така: тези каталитично втвърдяващи се (съхливи) изливани смоли и изолационни лакове изсъхват безупречно и за кратко време, дори в дебели пластове, даже без топлина — само чрез химически катализатори. С това една стара мечта на конструкторите на електрически машини стана действителност. Но с това тази тема още не е изчерпана.

---

[1] Смоли и лакове, които се втвърдяват чрез ускорители (катализатори). Бел. ред.

През 1947/48 г. до нас европейците достигна от САЩ съобщението, че от Down Corning Corporation в сътрудничество с General Electric Co е било направено голямо откритие в областта на изкуствените смоли, което предизвиква революция в приложението на изолационните лакове.

Минаха няколко години преди ние да можем чрез практическото им приложение да си създадем представа за многопрепоръчваните качества и качествени показатели на силиконовите лакове.

Междувременно ние можахме да се убедим в забележителните качества на силиконовите изолационни лакове и макар че тези нови продукти у нас още не са популярни, все пак знаем, че тук съществуват неподозирани възможности за създаването на сполучливи изолации на бобините в електрическите машини, трансформаторите и силнотоковите апаратури Сега поне има изгледи, че в по-близко или по-далечно бъдеще силиконите с техните почти неограничени модификации скоро ще овладеят областта на електроизолационните лакове.

Независимо от цената на класическите силиконови лакове (има вече евтини, модифицирани, съдържащи силикон изолационни лакове) за сметка на предимствата на чистите силиконови лакове са необходими сравнително високи температури на сушене и по-продължително време на сушене. Но има много случаи (напр. топлинно много натоварени машини), където тези условия са твърде незначителни в сравнение с качествените резултати и затова не играят никаква роля.

И силиконовите лакове притежават термореактивни качества и затова изискват добре обмислен метод на приложение, както и всички други термореактивни изкуствени смоли, ако искаме успехът, към който се стремим, да бъде по възможност пълен.

Ако този кратък преглед предхожда следващото изложение, то това бе направено преди всичко, за да се докаже необходимостта от издаването на настоящата брошура за потребителите.

От шеллака до съвременните изолационни лакове бе изминат дълъг път и по този път бе натрупан опит, който ние трябваше най-напред да усвоим, за да можем да постигнем желаната цел.

Този опит показва съвсем ясно, че по-добри електрически машини могат да се изработват само с по-добри изолационни материали и че ние можем да се възползуваме от предлаганите предимства само ако чрез по-задълбочено проникване в интересната и важна област на материалите създадем предпоставката за пълен успех в практическото приложение.

По правило напредъкът е свързан с времето, но темпото на нашето време ни поставя в бърза последователност пред нови постижения във всички области на техниката и човекът, който стои близо до действителността, е принуден да се приспособи колкото е възможно по-добре към това темпо, ако не иска по-късно само да се упрекне, че е изостанал назад.

Раздел II

ОБЩИ БЕЛЕЖКИ

А. Отличителни белези, означения на материалите и подразделяне на изолационните лакове

Според вида и целта на използването си изолационните лакове могат да се означат, както следва:

Първа група: **съхнещи на въздух изолационни лакове** (покривни лакове)

Втора група: **сушени в пещ изолационни лакове** (пропитъчни[1] лакове)

Трета група: **химически (чрез катализа) съхнещи изолационни лакове**

Според структурата на суровината различаваме:

1) лакове на основата на съхливи масла, естествени смоли, асфалт, целулоза и други естествени лакови суровини;

2) лакове на основата на термопластични изкуствени смоли (синтетични лакови суровини);

3) лакове на основата на термореактивни изкуствени смоли (синтетични лакови суровини);

4) лакове на основата на неорганично-органични изкуствени смоли (напр. силиконови лакове, синтетични лакови суровини);

5) лакове, съдържащи разтворител (точки 1—8);

6) същите изолационни лакове без разтворител и изливани смоли (група 3);

7) лакове по точки 1—8, но с топлопроводими пълнежи (пигменти);

8) лакове неоцветени (прозрачни) и оцветени изолационни лакове.

Това са най-важните отличителни белези.

---

[1] Печени. Бел ред.

Б. Изолационни лакове, съдържащи разтворители

Най-голямата част от многобройните и разнообразни видове изолационни лакове се състои от около 50 % твърди материали и 50 % течни материали (разтворители и разредители).

Разтворителите и разредителите са само средство за постигане на целта; по време на процеса на сушенето те трябва да бъдат извлечени отново от импрегнираните бобини. Този процес се ускорява чрез вакуум и топлина.

Разтворителите и разредителите са в известен смисъл електропроводими и затова трябва да бъдат отстранени по възможност без остатък от импрегнираните бобини през време на процеса на сушенето.

Същинските изолационни материали (диелектрици) в изолационните лакове са твърдите материали. Изолационната стойност на твърдите лакови материали се постига едва след пълното изсушаване. Ето защо процесът на сушенето е от голямо значение за крайния успех, все едно дали се касае за лакове, които съхнат на въздух, или за лакове, сушени в пещи.

В зависимост от изискванията се употребяват по-силни или по-слаби разтворители. **Пропитъчните лакове за бобини с емайлирани проводници** съдържат по правило слабо действуващи разтворители.

В. Изолационни лакове, несъдържащи разтворители и изливани смоли

Изолационните лакове, които не съдържат разтворители, се състоят от изкуствено произведени смоли, които чрез прибавяне на химическо вещество (катализатор) са преминали от течно в твърдо състояние. Този химически процес (полимеризация) може да се ускори чрез топлина и чрез малки количества подходящи прибавки (ускорители).

Г. Изолационни лакове, съхнещи на въздух

Това са такива лакове, които съхнат чрез изпаряване на разтворителя. Тези лакове имат значение в строенето на електрически машини, трансформатори и силнотокови апаратури само като **покривни лакове**. Те не могат да се вземат под внимание при импрегнирането на бобини, защото тук се касае винаги за дълбоко изсушаване, което не може да се постигне за определено време без приток на топлина.

Разтворителите (алкохоли, бензинови въглеводороди и др.) на съхнещите на въздух изолационни лакове имат сравнително ниска точка на кипене, т. е. изпаряват се още при стайна температура.

Д. Изолационни лакове, сушени в пещи (пропитъчни лакове)

Те съхнат при температура от около 80÷250°C, а именно:

1. При протичане на един комбиниран физико-химически процес (изпаряване на разтворителя и последващо образуване на филм чрез топлина и проникване на кислород от въздуха— окисляване).

2. Същото чрез отделяне на разтворителя и последващо образуване на филм чрез химически процес (кондензация). Тези видове се обобщават под понятието „термореактивни изкуственосмолни лакове“. Преминаването от течно в твърдо състояние става чрез топлина. Тук се говори за „топлинно втвърдяващи се изолационни лакове“.

3. Несъдържащите разтворители, каталитично втвърдяващи се лакове могат да бъдат отнесени към категорията „сушени в пещи лакове“. В този случай сушенето (втвърдяването) се дължи на катализатори и топлина (обикновен случай).

Раздел III

КАЧЕСТВЕНИ ПОКАЗАТЕЛИ НА ИЗОЛАЦИОННИТЕ ЛАКОВЕ

Като мярка за оценка на изолационните лакове служат между другото следните качествени показатели:

1. **Електрическа пробивна якост** на изсушения лаков филм.
2. **Проходно съпротивление** в зависимост от топлината (работната температура на намотките) и относителната влажност на въздуха.
3. **Влагоустойчивост** на изсушения лаков филм (поемане на вода, DIN 57303, § 7).
4. **Термоустойчивост.**
5. **Тропична устойчивост.**
6. **Топлопроводимост.**
7. **Устойчивост спрямо пълзящи токове.**

8. Механична стабилност.
9. Маслоустойчивост.
10. Способност за изпичане.
11. Химическа устойчивост.
12. Диелектрична проницаемост.
13. Ъгъл на диелектричните загуби.
14. Съхливост.

Определянето на тези качествени показатели може да стане съгласно следните указания:

а) Ръководни принципи за изпитване на изолационните лакове, DIN 57360, юни 1950.

б) Ръководни принципи за изпитване на изолационните материали, DIN 57303.

в) Ръководни принципи за изпитване на пропитъчните лакове на бобините, DIN 46456.

г) Ръководни принципи за лакови тъкани и лакови хартии, DIN 57365, април 1950.

д) Емайлирани проводници (лакирани проводници) DIN 46453, DIN 46435, лист 1 и 2.

е) Ръководни принципи за механични и топлинни изпитвания на твърдите лакови материали.

ж) Правила за електрическите машини, VDE 0530/2.51.

е) Предписания за малки трансформатори, VDE 0550, част 1/. . . 53 същото, част 2/ . . . 53 същото, част 3/ . . 53.

Извън тези указания между производителя и потребителя могат да се уговорят и особени условия по отношение на доставянето и качествените показатели.

Раздел IV

ДОПЪЛНЕНИЯ КЪМ РАЗДЕЛ III

1. Електрическа пробивна якост. Електрическата пробивна якост е относителен качествен показател. Той зависи:

а) от суровинния и рецептурния състав на изолационните лакове;

б) от степента на изсушаването (образуването на филм);

в) от относителната влажност на въздуха, при която е проведено измерването;

г) от температурата на измервания образец и на околния въздух;

д) от използуваните уреди при изпитването (диаметър на сферичните и плоските електроди);

е) от устойчивостта на лаковия филм спрямо пълзящи токове;

ж) от механичните качества на лаковия филм.

Знае се, че при повишаване на температурата пробивната якост спада. Решаваща по отношение на температурата е така

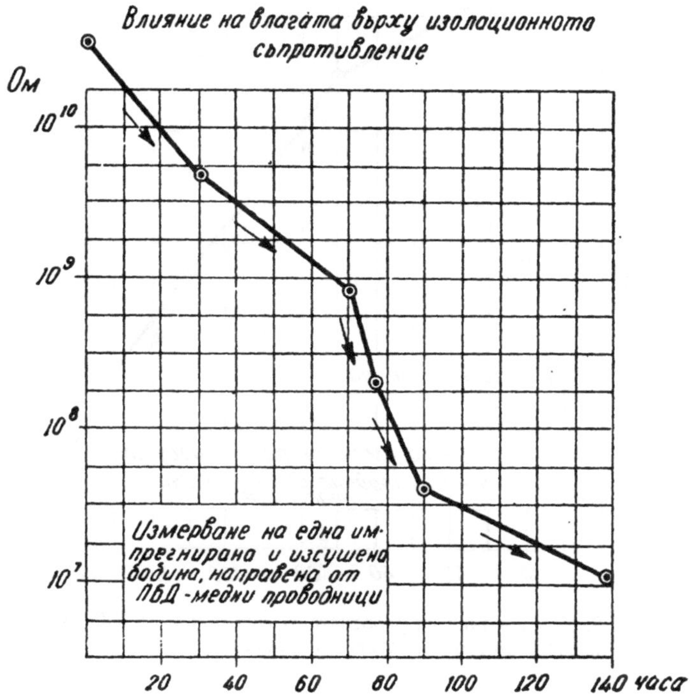

Фиг. 1. Според степента на влагопоглъщането (съдържание на влагата) изолационното съпротивление се понижава повече или по-малко

наречената работна температура на бобините и на активната стомана (Правила за електрическите машини, VDE 0530/2.51, § 38, таблица III, класи на топлоустойчивост, § 39, таблица IV—а и таблица IV—б, също Правила за трансформаторите, както и Предписания за малките трансформатори).

Изолацията на бобините в експлоатация между другото се натоварва и механически (разтегляне, огъване, натиск и опън). Съответно с това са необходими изпитвания на натиск при топлина. При топлина и натиск пробивната якост се понижава.

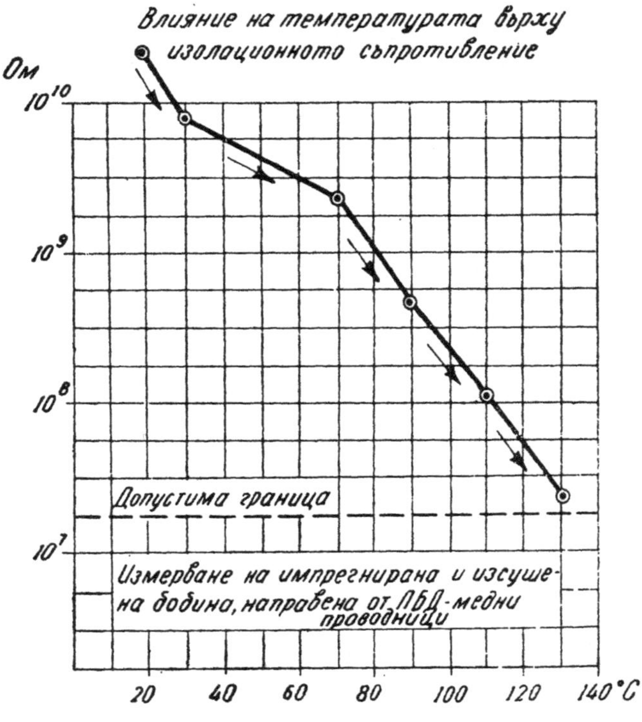

Фиг. 2. Под влияние на работната температура на бобината изолационното съпротивление също се понижава

Изпитването на пробивна якост става обикновено съобразно с DIN 57 303, § 20, при което като мярка за качеството при всяко изпитване трябва да се приеме нормално средната стойност от 5 измервания.

2. **Проходно съпротивление** (DIN 57 360, § 14, DIN 57 303, § 7). То зависи също от температурата и от суровинния и рецептурния състав на лаковете.

При повишаване на температурата проходното съпротивление се понижава в по-голяма или по-малка степен.

Най благоприятно се проявяват в това отношение силиконовите лакове. При тези напълно втвърдени лакове така нареченото „топлинно проходно съпротивление“ се намира почти постоянно в температурната област 20÷200° C.

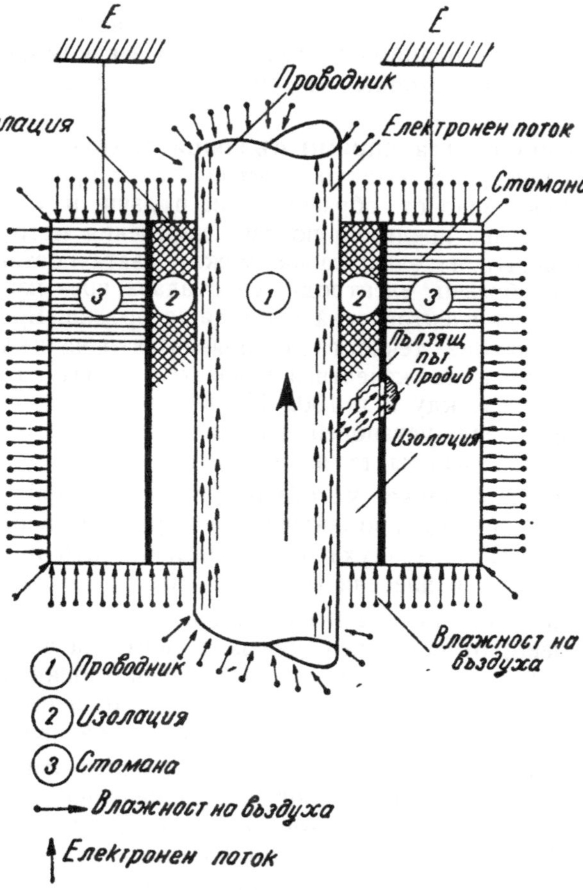

Фиг. 3. Един пробив между бобина и стомана обикновено се провежда с образуване на пълзящ път

3. Топлинната устойчивост на изолационните лакове може да се спомене като особено важен качествен показател и зависи главно от суровинния и рецептурния състав.

Изолационните лакове, приготвени от естествени материали (ленено масло, тунгово масло, естествени смоли, асфалт и др.), отговарят на VDE 0530/2.51 — клас на топлинната устойчивост А (VDE 0530/...54, нов проект).

Чистите силиконови лакове имат най-висока топлинна устойчивост (около 200° C) от всички изолационни лакове (клас на материала B). Топлинната устойчивост на модифицираните, съдържащи силикон изолационни лакове, е в зависимост главно от процентното съдържание на силиконова смола и се движи между 130÷140° C.

4. **Устойчивостта спрямо пълзящи токове** е също важен качествен показател, защото електрическият пробив се предшествува обикновено от образуване на пълзящ път. Засега установяването става предимно по така наречения метод на Некал, като с помощта на една капка между двата поставени върху изпитвания образец електрода се създава чрез изпаряване на течността една електрическа проводяща връзка. Броят на капките от Некалова течност до появяването на пълзящ път и пробив се смята за качествен показател. Броят на капките се движи средно между 2 и 100. Извънредно големият брой от 100 капки е бил установен на многопластова изолация, състояща се от стъклена тъкан и силикон-каучук.[1]

5. Под **тропическа устойчивост** се разбира достатъчна устойчивост спрямо променливи температури, висока относителна влажност на въздуха и изпотяване, както и спрямо микроби, термити[2] и плесени (DIN 50 010).

Изолационните лакове и поглъщащите лака материали (тъкани, обвивки) от естествен произход могат да бъдат означени само като условно тропически устойчиви. Обикновено такива термореактивни изкуственосмолни лакове и неорганични поглъщащи лака материали са тропически устойчиви.

6. **Топлопроводимостта** на изолационните лакове е сравнително малка. Така нареченият коефициент на топлопроводимостта на изолационните лакове е около 0,12÷0,25, докато на медта е 335, на алуминия — 180, на стоманата — 50÷55, на стъклените тъкани — 1,1, на слюдата — 0,3÷0,5 и на памука — 0,05.

От тези цифри се вижда също, че топлопроводимостта на изолационните лакове е значително по-добра, отколкото на

[1]. Fachzeitschrift EMA — Die elektrische Maschine, Jahrgang 1955, Heft 1, Seite 3, Spalte 6, lfd № 1.

[2] Вид тропически мравки. Бел. ред.

неимпрегнираните памучни влакна и преди всичко по-добра от топлопроводимостта на въздуха (въздушни включвания).

Оттук следва, че бобините на електрическите машини трябва по принцип да бъдат импрегнирани с подходящи пропитъчни лакове, от една страна, поради ускореното отдаване на топлина от намотките към охлаждащия въздух, към което се стремим, а от друга страна обаче, и поради по-високата механична стабилност (устойчивост срещу късо съединение и центробежни сили) на импрегнираните бобини, която, както показва опитът, се отразява благоприятно върху работата и продължителността на живота на електрическите машини.

Топлопроводимостта на изолационните лакове може да се увеличи значително, като се употреби тъмна боя или се прибавят особено топлопроводими пълнежи (метални окиси, финозърнести силикати и др.).

Качественият показател „топлопроводимост" доби напоследък известно значение с оглед на изолационните лакове и импрегнираните изолационни материали. Може да се очаква още по-голям интерес към него.

7. Способността за изпичане на изолационните лакове е също важен качествен показател. Степента на тази способност определя до голяма степен механичната стабилност на бобините, която може да бъде от решаващо значение за продължителността на живота особено при машини, натоварвани на токови удари, и при машини с често включване и изключване, често изменяне на посоката на въртене, както и при машини, тръгващи с голям товар.

Термореактивните изкуственосмолни лакове имат обикновено много добра способност за изпичане. Те притежават освен това предимството, че втвърденият лак не изменя структурата си дори при висока работна температура. Това качество е важно с оглед неизменяемостта на динамичното балансиране и с оглед на устойчивостта срещу центробежни сили при въртящите се бобини.

При настъпване на работната температура изолационните лакове на маслена основа изгубват временно известна част от механичната си стабилност. При охлаждане на намотките масата на лака се втвърдява отново.

В тези промени при въртящите се бобини сами по себе си добре изсушените части на лака могат в зависимост от номиналните обороти и периферната скорост да получат локално изместване, което влияе неблагоприятно върху балансирането.

8. Съхливостта на изолационните лакове играе, общо взето, много важна роля. В специални случаи тя може да бъде дори от решаващо значение.

С оглед на обикновения случай на „дълбоко изсушаване" се изисква, между друго, качеството лакът да изсъхва равномерно и напълно във всички положения на бобините при определена температура и за определено време (метод за изпитване по DIN 57 361, § 12).

По-късно ще се спрем по-подробно върху отнасянето на различните видове лакове в тази насока.

Раздел V

ПРАКТИЧЕСКО ПРИЛОЖЕНИЕ НА ИЗОЛАЦИОННИТЕ ЛАКОВЕ

Приготовляване на лакове с оглед на техния вискозитет

Преди практическото си приложение доставените от производителя изолационни лакове трябва да бъдат разредени според изискването с подходящи средства.

Степента на разреждането трябва да се нагажда главно според:

1) дълбочината на проникването;

2) вида на проводника (с оплетка, с навита изолация, емайлиран);

3) поглъщащите лака материали (коприна, изкуствена коприна, памук, стъклена коприна, изкуствено фолио);

4) при поставените в стоманата (нутове, канали) проводници според фактора на пълнежа на нутовете;

5) броя на пропиванията (еднократно или многократно пропиване);

6) височината на бобината, броя на проводниците и дадения вид бобина (предварително формирани бобини, ръчно навити бобини, дискови бобини със или без междинна изолация, бандажирани или небандажирани бобинни елементи);

Ако например в хода на импрегнационния процес пропитъчният лак трябва да проникне през много пластове от обвити тънки навивки (силно поглъщащи материали), тогава вискозитетът — проникващата способност — трябва да бъде съответно променен чрез прибавяне на подходящи количества разредител. Същият е случаят, когато намотките трябва да бъдат напоени няколко пъти с изолационен лак.

За първото импрегниране (предварително импрегниране) лакът трябва да бъде по-разреден, отколкото за второто и третото.

При **бобини с емайлирани проводници** пропитъчният лак може да проникне сравнително лесно във всички пластове на бобината, ако няма бобини с междинна изолация от хартия и ако нутовете са относително малко запълнени от проводниците.

Възможността за разреждане (DIN 46 456, параграф 6) на изолационните лакове е ограничена. Прибавката на разредител не може да се увеличава безразборно, т. е. отношението на твърдото тяло към разтворителя и разредителя не може да се изменя извън определена граница. Тъй като, както вече споменахме другаде, в хода на процеса на съхненето разредителят и разтворителят трябва да се изпарят, то с оглед на дадения случай трябва да се разрежда по възможност малко, но все пак достатъчно.

Към всеки вид изолационен лак производителят доставя необходимите **разредители** (употребата на други разредители може да доведе до скъпо струващи грешки). Също така за всеки вид лак производителят посочва най-благоприятния вискозитет (установен чрез специален уред за измерване на вискозитета). За препоръчване е даденият от производителя на лака измервателен уред да се използува при получаване на необходимия вискозитет.

Според DIN 57 360, § 7, се препоръчва **получаването на необходимия вискозитет** да се извършва:

а) по така наречения метод на изтичане, според DIN 53211 и

б) по вискозиметъра на Хьолер.

Получаването на целесъобразния в момента вискозитет е много важно за спокойното протичане на процеса на импрегнирането и сушенето, а с това и за икономичността и доброто качество на импрегнацията.

Прибавянето на разредител трябва да става при спазване на противопожарните указания и постепенно, например като се бърка постоянно с помощта на чиста стъклена пръчица или по метода на циркулацията (разбъркване с помощта на циркулационна помпа) при стайна температура. Особено целесъобразни се оказаха закритите импрегнационни уреди с **лаков циркулационен агрегат** и прикрепен резервоар за разредителя (фиг. 8 и 9).

За да се получават винаги еднакво ценни крайни резултати, трябва да се изхожда от постоянния вискозитет на пропитъчния лак.

Раздел VI

МЕТОД НА ИМПРЕГНИРАНЕ

А. Общи бележки и предварително изсушаване

Независимо от вида на прилагания в даден момент метод на импрегнация бобините, които предстои да бъдат импрегнирани, трябва преди това да бъдат **освободени от влагата** (обезвлажнени).

Това става обикновено:

а) в работното пространство на добре проветрена сушилна пещ при около 100°C или

б) под вакуум и топлина в нагрявана вакуумно-импрегнационна инсталация.

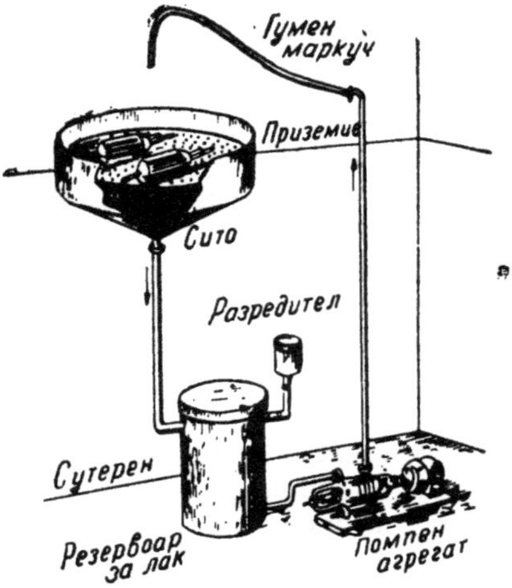

Фиг. 4. Принципно изобразяване на една импрегнационна инсталация с циркулационен агрегат за лака (циркулационна помпа-двигател)

При първия метод процесът на предварителното изсушаване започва при постепенно повишаваща се температура и изобилен приток на обезпрашен и обезвлажнен въздух, по възможност предварително затоплен (нагревателен въздушен филтър в смукателното приспособление). **Отначало отворите, през които влиза и излиза въздухът в работното пространство на сушилната пещ, трябва да бъдат широко отворени.** Щом като достигналите в работното пространство на пещта детайли са получили номиналната температура, въздушните клапи може постепенно да се затворят до около 50 % от смукателното напречно сечение (фиг. 14).

Протичането на процеса по време се обуславя главно от големината и тежестта на поставените детайли, както и от степента на запълване на работното пространство.

От момента, в който бобините заедно с неимпрегниращата се част (стоманата) ще достигнат номиналната температура (около 100°C), може да изминат 2 ÷ 4 часа.

След като **предварителното изсушаване** завърши, отоплението се изключва. Поставяните детайли се оставят при затворена врата на пещта да се охладят до около 60°С. Между този момент и започването на импрегнационния процес трябва да се действува по възможност бързо, за да не могат детайлите да поемат отново влагата на въздуха.

В зависимост от сезона и времето относителната влажност на въздуха се колебае значително, и то именно около 50 ÷ 90 %.

Тъй като **проникващата способност** на пропитъчните лакове при повишена температура е по-добра, отколкото при стайна температура (около 15 ÷ 20°С), то импрегнационният процес трябва да започне по възможност при температура на детайлите от около 40 ÷ 50°С. По-високи температури трябва да се избягват по различни причини.

Извличането на влагата може да се съкрати значително по време, като се приложи вакуумно-импрегнационният метод. Напояването на бобините с пропитъчен лак при вакуумния метод е също така по-съвършено, отколкото при останалите методи.

В зависимост от относителната влажност на въздуха **съдържанието на влага** в телата на бобините, които предстои да бъдат импрегнирани, е различно. При сравнително висока

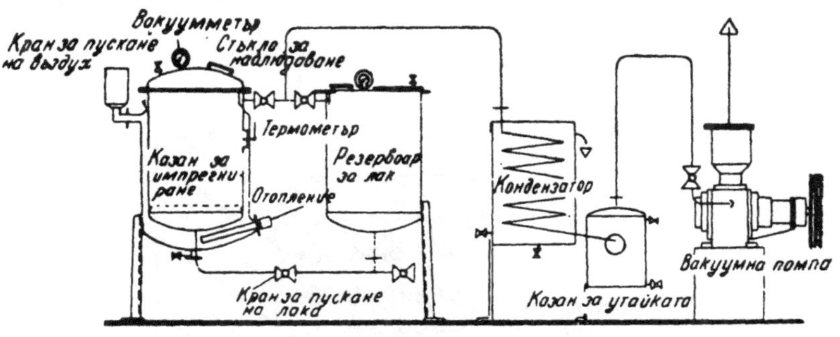

Фиг. 5. Принципно изобразяване на една вакуумно-импрегнационна инсталация. Импрегнационният казан е снабден с електрическа инсталация за отопление

относителна влажност на въздуха, неотоплени складови помещения и при продължителен престой на склад детайлите могат да погълнат значително количество вода. На практика при един електродвигател 25 *квт* и 1000 оборота в минута (статор и ротор заедно) в отделителния съд на вакуумно-импрегнационната инсталация бе констатирано около 1 1/2 кафена чашка вода.

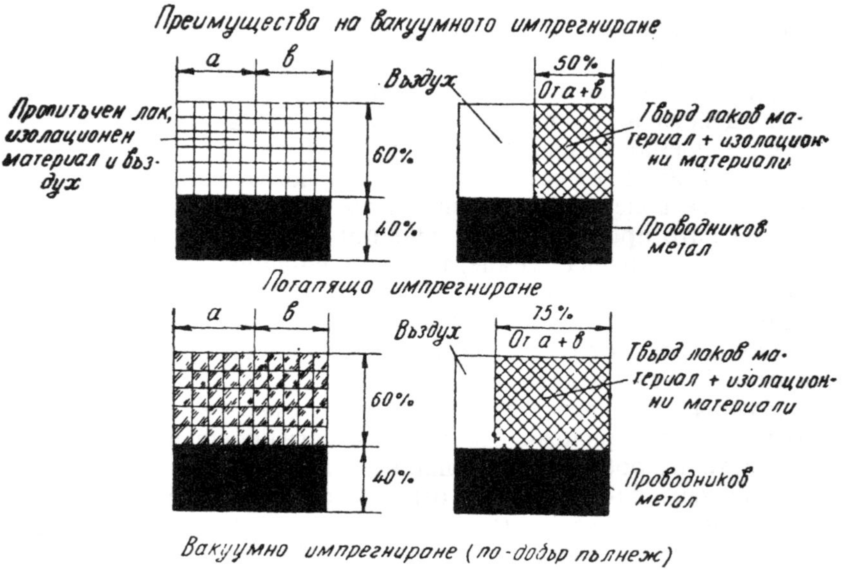

Фиг. 6. Изобразяване на имуществата на импрегниране под вакуум

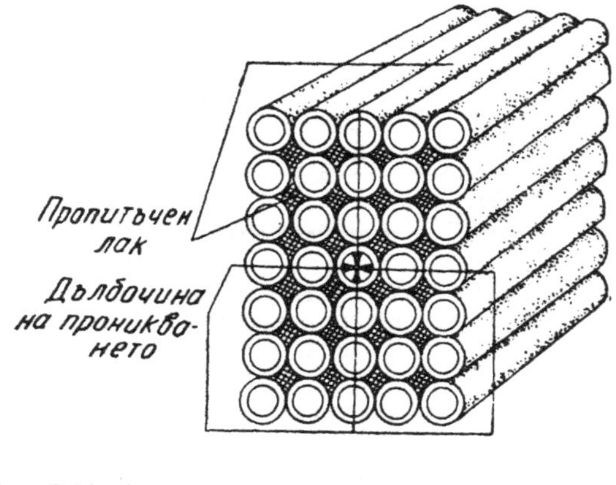

Фиг. 7. Изобразяване на дълбочината на проникването на лака в един сноп проводници. От дълбочината на проникването се явява нуждата от дълбоко сушене при импрегнираните бобини

От значение са тук намиращите се в бобините **способни да поглъщат лака материали**, напр. хартията, с която са облепени отделните листове на динамоламарината в пакета, прешпанът, памучната изолация на проводниците, бандажирането на бобинните елементи с жакардова лента, дървените клинове за затваряне на нутовете, междинната изолация от тъкани или хартия и др.

Б. Метод на импрегниране

Обикновените методи на импрегниране са следните:

а) **потопяване на предварително изсушените бобини** в напълнен с пропитъчен лак съд (метод на потопяването);

б) **поливане на предварително изсушените бобини** с пропитъчен лак в работното пространство на един импрегнационен прибор с циркулационен агрегат (метод на поливане);

в) **напояване под вакуум** в полезното пространство на една вакуумно-импрегнационна инсталация (вакуумно-импрегнационен метод).

За обикновени случаи (малки и средни мощности за напрежения до 500 волта) са достатъчни методите на поливане и потопяване. При по-високи експлоатационни натоварвания е за предпочитане **вакуумно-импрегнационният метод**.

При методите на импрегниране се касае за това, същинският диелектрик (изолиращият твърд материал) да се постави така в пропитъчните лакове, че по възможност всички пластове на бобината да се напоят равномерно.

Както вече бе споменато на друго място, в случаи, когато разположението е по-сложно, е целесъобразно методът на импрегнирането да се повтаря няколко пъти на съответни интервали. С това се постига възможно най-добро изпълване на малките празнини във вътрешността на бобината, особено в нутовете, и с това по-висока изолационна стойност, по-добро изпичане (механична стабилност) на пластовете на бобината и преди всичко по-добро провеждане на топлината на бобината в охлаждащия въздух.

При **многократното импрегниране** след импрегнирането се изисква да се отстранят летливите съставни части на лака с последващо междинно сушене, но отделните процеси на сушене могат да бъдат съкратени по време. Окончателното дълбоко изсушаване на цялата импрегнация се извършва след последния процес и тогава трябва да се удължи съответно по време, като се спазват предписаните в случая температури на сушене.

За необходимото в дадени случаи обработване на повърхността на импрегнираните бобини със специални покривни ла-

Фиг. 8. Импрегнационен прибор с циркулационен агрегат за лака

Фиг. 9. Импрегнационен прибор от фиг. 8 (отворен)

кове може да се приложи както потопяването, така също **поливането, шприцоването** или **намазването.**

Най-благоприятен е методът на потопяването, защото може да се получи със сигурност пълно покриване на частите на бобината.

Раздел VII

ИЗСУШАВАНЕ, ВИДОВЕ ИЗСУШАВАНЕ И МЕТОДИ

Под „изсушаване" при изолационните лакове се разбира преминаването на течния импрегнационен материал в твърдо състояние.

Идентично е тук и понятието **„образуване на филм"**. Това става под влияние на многобройни фактори, както се вижда ясно от приложената фигура.

Методът на получаване на филм може да се повтаря по желание често с възможно най-добър резултат по отношение на качеството в зависимост от равномерността на различните влияния (по време на сушенето).

Ясно е, че при изменение на температурите на сушене, на сроковете на сушене, на подаденото количество въздух, на относителната влажност на въздуха, на състава на разтворителя,

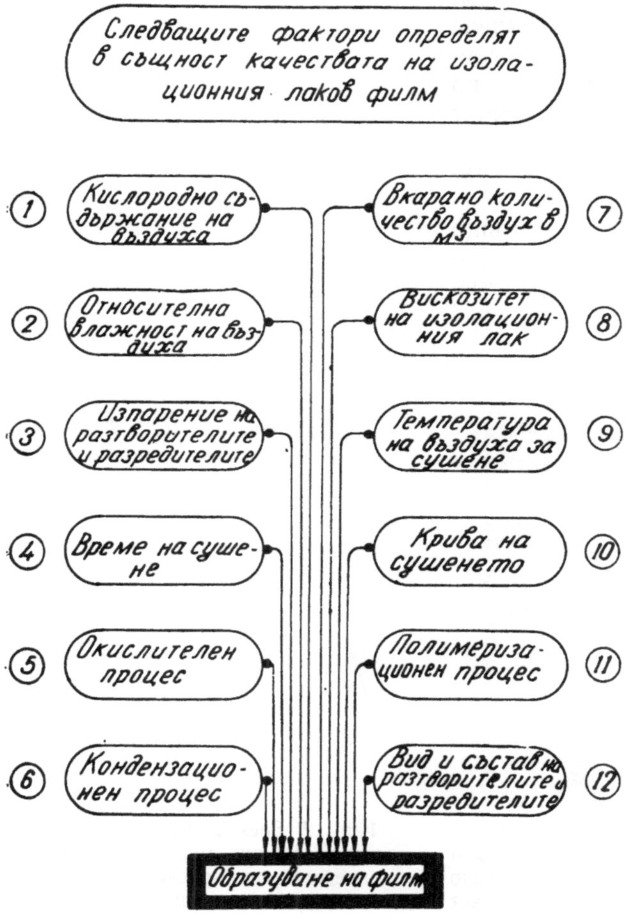

Фиг. 10. Графично изображение на образуването на филма през време на процеса на сушенето

на вискозитета и др. ще имаме работа с резултати, които ще се отклоняват по-малко или повече от стандартното качество.

Възможно е също да се постигне устойчивост срещу известни влияния, като се използват подходящи апарати и методи.

Пример за това е **програмно-температурният регулационен метод** със самостоятелно работещи програмни регулатори с падаща вилка. С помощта на тази регулационна уредба най-благоприятните температури на сушене могат да се регулират и повтарят по желание в зависимост от времето съобразно с **оптималната крива на сушене.**

Съществува също така възможност работното пространство

Фиг. 11. Температурен регулатор с падаща вилка и с програмно-регулиращо устройство (в горната част на апарата). Производител: Хартман исие Браун,Франкфурт на Майн

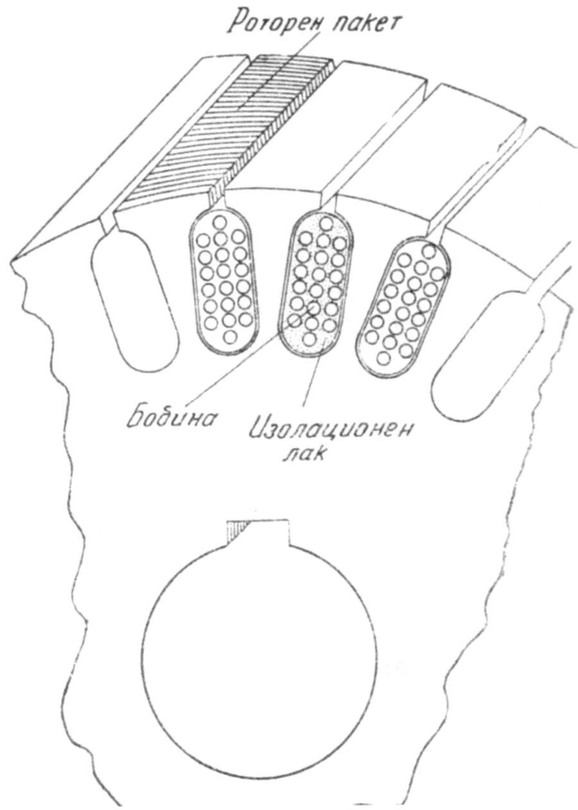

Фиг. 12. Времето на сушене на импрегнираните бобини между другото също се определя от сърцевината, която трябва да се нагрее до номиналната температура на сушене (изрез от един навит ротор)

на пещта да бъде свързано с климатична инсталация и по този начин относителната влажност на въздуха да се запази постоянна по време на процесите на сушене.

Многобройни практически опити на сушене показаха, че при всеки вид изолационен лак може да се установи една възможно най-добра крива на сушене, която може да се използува както желаем в практиката, като се приложат подходящи средства.

Тези разбирания и резултатите от изследванията допринесоха за съществени подобрения на качеството в импрегнационната техника и затова трябва да се вземат под внимание, когато се прилагат термореактивни изкуственосмолни и силиконови лакове.

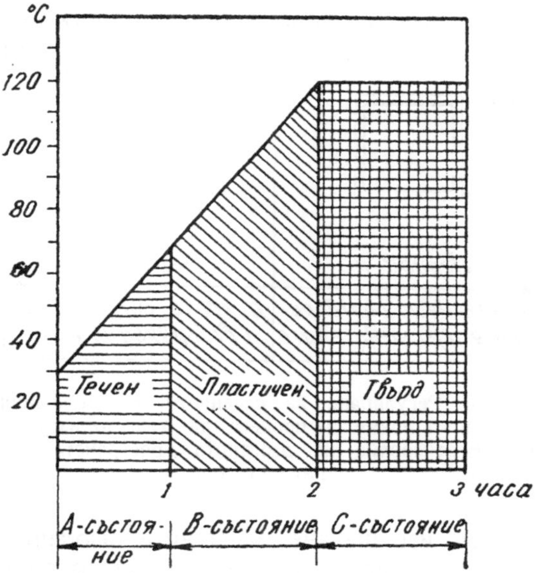

Фиг. 13. Термореактивните изкуственосмолни пропитъчни лакове през време на процеса на сушенето преминават в едно неразтворимо крайно състояние. Този процес преминава и през три етапа под влияние на топлината (пример за един термореактивен изкуственосмолен пропитъчен лак за една номинална температура на сушенето от около 120°C)

A. Проветряване на работното пространство на пещта по време на сушенето

Казано бе вече, че работното пространство на пещта трябва да бъде проветрявано от започването до приключването на процеса на сушене.

Това изискване се обуславя от необходимостта:

а) летливите запалителни съставни части на изолационния лак (въздух/газова смес) да се отстраняват бързо и по възможност напълно от работното пространство на пещта;

б) да се подава постоянно в работното пространство достатъчно пресен въздух, за да може да се осъществи (при маслените лакове) образуването на филм чрез достъп на кислород от въздуха (окисляване).

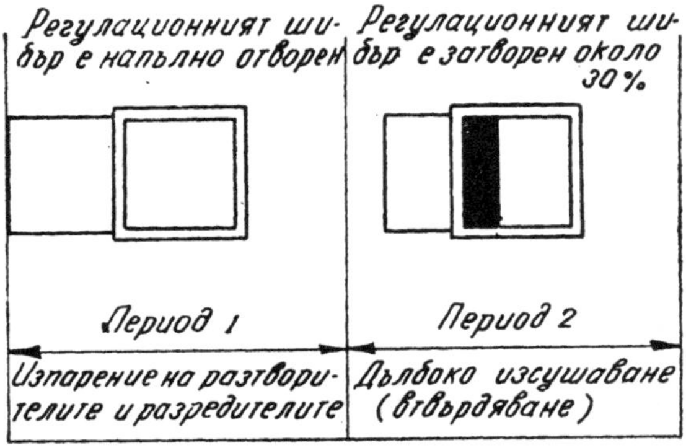

Фиг. 14. Регулиране на сечението на смукования въздух през време на процеса на дългото изсушаване. Вентилиране на работното пространство на сушилната пещ

За пълното си изсушаване маслените изолационни лакове се нуждаят от значителни количества кислород от въздуха. Ако подаденото количество въздух в м^3 не е достатъчно, не може да се постигне пълно дълбоко изсушаване.

Термореактивните изкуственосмолни лакове изсъхват сами по себе си без кислород от въздуха, само чрез топлина.

Между това обаче и при тези лакове газовете на разтворителя и разредителя трябва да бъдат отстранени от работното пространство; затова се изисква проветряване на работното пространство на пещта.

Но и в хода на последващия химически процес (кондензация) от лаковата маса се отделят съставни части, които трябва непременно да бъдат отстранени от работното пространство на пещта. Затова и при използуването на термореактивни изкуственосмолни лакове — както изобщо и при всички пропитъчни лакове — се изисква проветряване на работното пространство на пещта по време на процеса на сушене.

Подаденият сух въздух трябва по възможност да не съдържа прах и други твърди съставни части, респ. химически примеси (трябва да се монтира филтър в смукателното приспособление, фиг. 15).

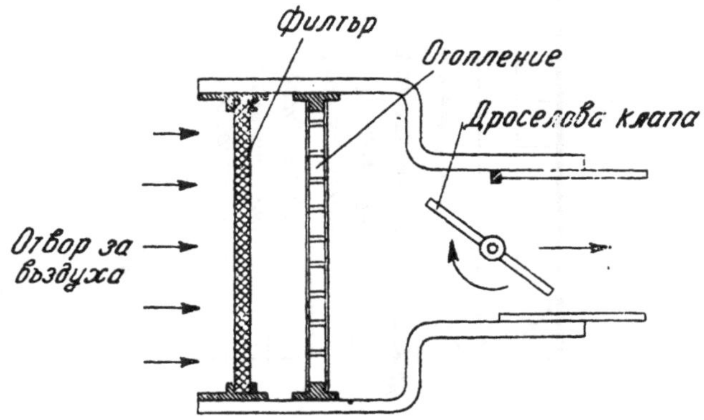

Фиг. 15. Отвор за смукване на въздух на една електрическа сушилна пещ. Целесъобразно е въздухът за сушене да бъде пречистен от твърди частици посредством филтър, предварително подгрят до определена температура посредством електрически нагревателни тела, като количеството на въздуха се регулира с дроселова клапа според нуждите

Освен това въздухът трябва да бъде по възможност еднакъв независимо от относителната влажност на външния въздух и от външната температура (годишното време).

По тази причина се препоръчва въздушният филтър да се свърже с един електрически отоплен патрон и по този начин относителната влажност на въздуха и температурата на въздуха да се регулират на възможно константни стойности.

По отношение на количеството на въздуха тук регулирането е изгодно и затова се препоръчва.

През първия период на сушенето (изпаряване на летливите съставни части на лака) **дроселовите клапи** на работното пространство на пещта трябва да бъдат **широко отворени.**

През първата част на втория период смукателното напречно сечение трябва да бъде стеснено с 25—30 % с оглед на необходимото повишаване на температурата.

Фиг. 16. Пример на крива на сушене при дълбоко сушене

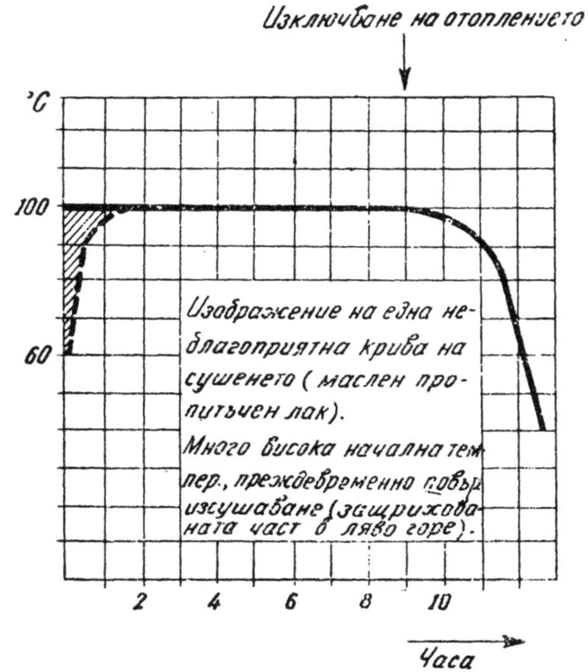

Фиг. 17. Провеждане на процеса на сушене при по-висока начална температура (нежелателно, преждевременно повърхностно изсушаване)

След изключването на отоплението е необходимо работното пространство също да се проветрява.

За да се избегне внезапното охлаждане и като последица от това спонтанните (вредни) процеси на свиване в детайлите, вратите на пещта не трябва да се отварят широко веднага след изключването на отоплението. Детайлите трябва да се

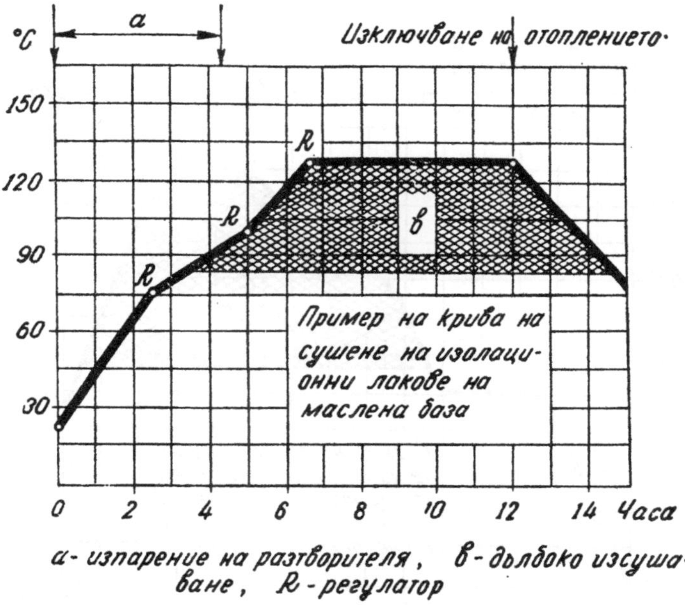

Фиг. 18. Пример на крива на сушене за маслени пропитъчни лакове

охлаждат от максималната номинална температура до около 30÷40°C при затворени или съвсем слабо отворени врати на пещта. На фиг. 16 е показан този процес.

Във връзка с това тук трябва да се спомене, че и при използуване на вакуумно-импрегнационна и сушилна инсталация с електрическо отопление сухото пространство след изсмукването на разтворителя и разредителя трябва да получи приток от пресен въздух, и то особено тогава, когато се прилагат маслени лакове. Без приток на кислород от въздуха пълното изсушаване на тези лакове е невъзможно.

Затова загрятото работно пространство на вакуумно-импрегнационните и сушилните инсталации трябва да притежава и едно снабдено с филтър приспособление за смукване на въздуха. Между филтъра и импрегнационното и сушилното пространство е необходим един подвижен шибър (вентил), който при евакуиране на работното пространство остава затворен и се отваря едва впоследствие.

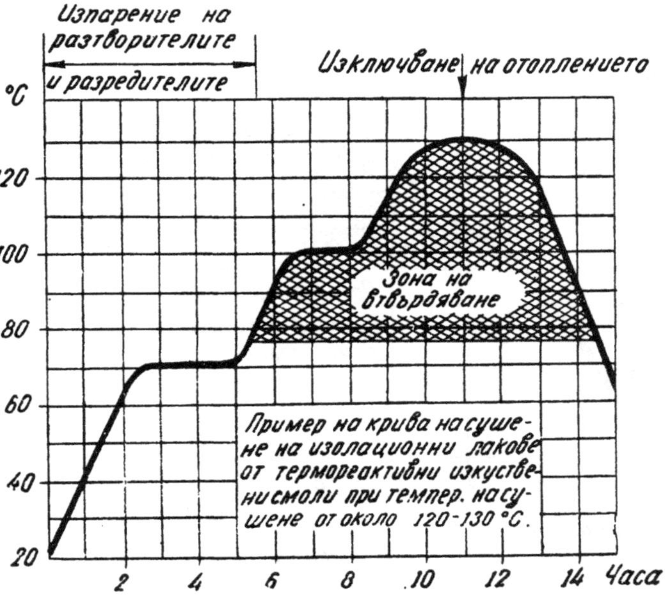

Фиг. 19. Пример на крива на сушене за термореактивни изкуствено-смолни пропитъчни лакове

При използуване на термореактивни изкуствено смолни лакове във вакуумно-импрегнационна инсталация е за препоръчване същинското изсушаване (втвърдяване) след импрегнирането и след отстраняването на разтворителя и разредителя под вакуум да става в особени електрически сушилни пещи, снабдени с всички съвременни измервателни и регулационни уредби. Преминаването от импрегнационната инсталация в сушилната инсталация трябва да става в колкото е възможно по-кратък срок.

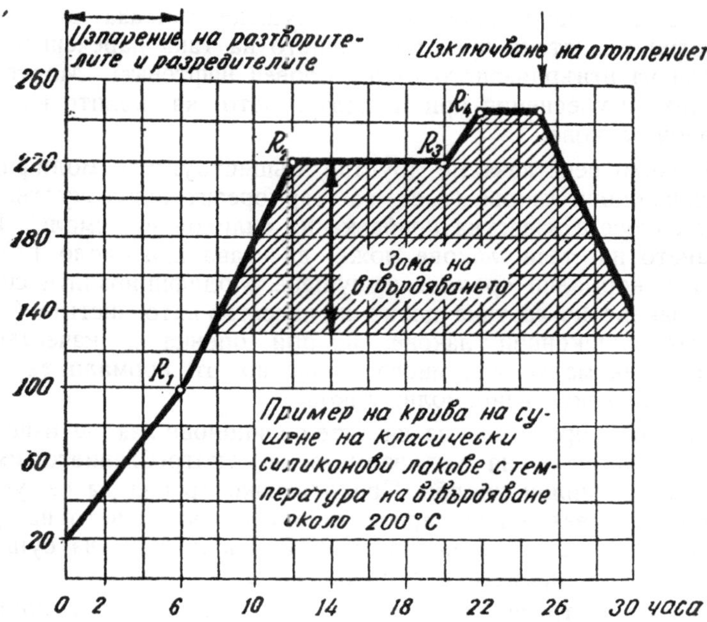

Фиг. 20. Пример на крива на сушене за класически силиконови лакове

Б. Изсушаване на силиконови лакове

Както вече споменахме, силиконовите лакове представляват в семейството на изолационните лакове една многообещаваща особена група, и то не само що се отнася до структурата на суровината, но и по отношение на сушенето.

Силиконовите лакове спадат към термореактивните изкуственосмолни лакове и на практика се прилагат съобразно с посоченото указание за термореактивните лакове. Поради суровинната структура на силиконовите лакове се изискват сравнително високи температури на сушене и продължителни срокове на сушене. Температурите на сушене на чистите силиконови лакове са около 180 ÷ 250°C. Сроковете, необходими за сушенето, се определят главно от големината (теглото на масата) на детайлите и от температурата на работното пространство на пещта.

В последно време сроковете на сушене можаха да бъдат значително съкратени чрез прибавянето на така наречените ускорители на втвърдяването (напр. оловен нафтенат). Могат да се очакват и улеснения при използуването на новите видове силиконови лакове.

Но, както вече казахме другаде, съществуват и модифицирани силиконови лакове (това са термореактивни изкуственосмолни лакове с известна прибавка на силиконови смоли). Изсушаването на тези лакове може да става при около 120 ÷ 180°C и в нормални срокове на сушене. Модифицираните силиконови лакове не са така ценни по качество като чистите (класическите) силиконови лакове, но при оценка на качеството стоят все пак малко или много по-високо от нормалните термореактивни изкуственосмолни лакове.

Успешното прилагане на чистите силиконови лакове изисква грижливо спазване на упътванията за употреблението им в подходящи сушилни уредби. Преди всичко трябва да се установи чрез съответни предварителни опити протичането на процеса на сушене с оглед на движението на кривата на сушене в зависимост от времето и температурата.

За да се постигне максимална твърдост на повърхността, през последния период на сушенето (втвърдяването) се препоръчва температура от 200 ÷ 250°C. При употребата на модифицирани силиконови лакове работите стоят по-просто.

В. Преждевременно изсушаване на повърхността вследствие на твърде висока температура при дълбокото изсушаване

От кривите на сушене на фиг. 16 ÷ 20 се вижда, че процесът на сушене започва при умерена, постепенно повишаваща се температура. Началната температура отговаря обикновено на стайната температура — около 18 ÷ 20°C.

Детайлите се загряват постепенно поради следните причини:

1) обикновено изпаряването на разтворителя и разредителя започва още при стайна температура;

2) чрез постепенното повишаване на температурата разтворителите и разредителите трябва да започнат да се изпаряват по-бързо и да бъдат отстранени от импрегнираните бобини;

3) ограничаването на повишаването на температурата през първия период трябва да попречи особено на едно преждевременно (нежелателно) изсушаване на повърхността.

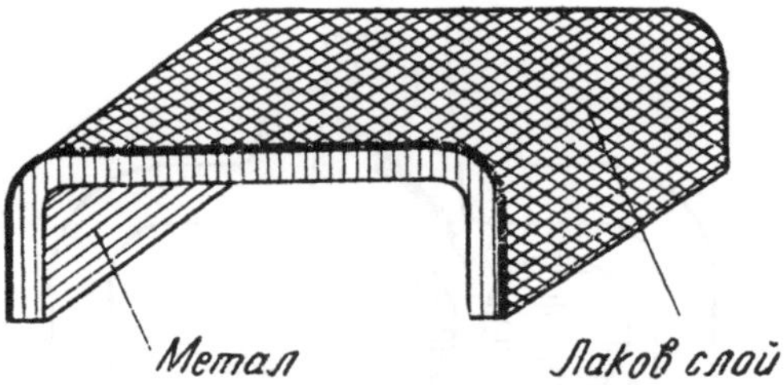

Фиг. 21. Пример на едно чисто повърхностно сушене на едностранно лаково шприцирана метална част

Образуването на филм трябва да започне по възможност едва тогава, когато летливите материали на лака са вече отстранени от бобините и сърцевините са нагрети равномерно до необходимата номинална стойност (нагряване на стоманените и металните маси).

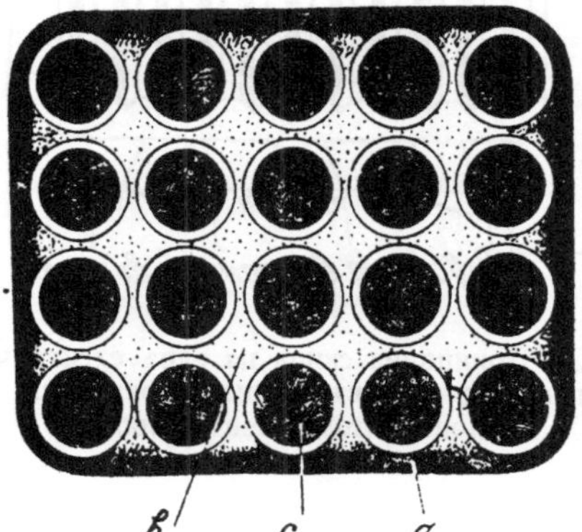

Фиг. 22. Представяне на едно нежелателно преждевременно повърхностно сушене на бандажиран проводников сноп. Вследствие едно преждевременно образуване на лаков филм на външните повърхности изпаряемите лакови състави се затварят вътре в бобината. Дълбокото сушене с това се усложнява

На фиг. 22 е показано, че при преждевременно изсушаване на повърхността една по-малка или по-значителна част от летливите материали на лака остава затворена във вътрешността на бобината и вече не може да излезе навън. В такива случаи

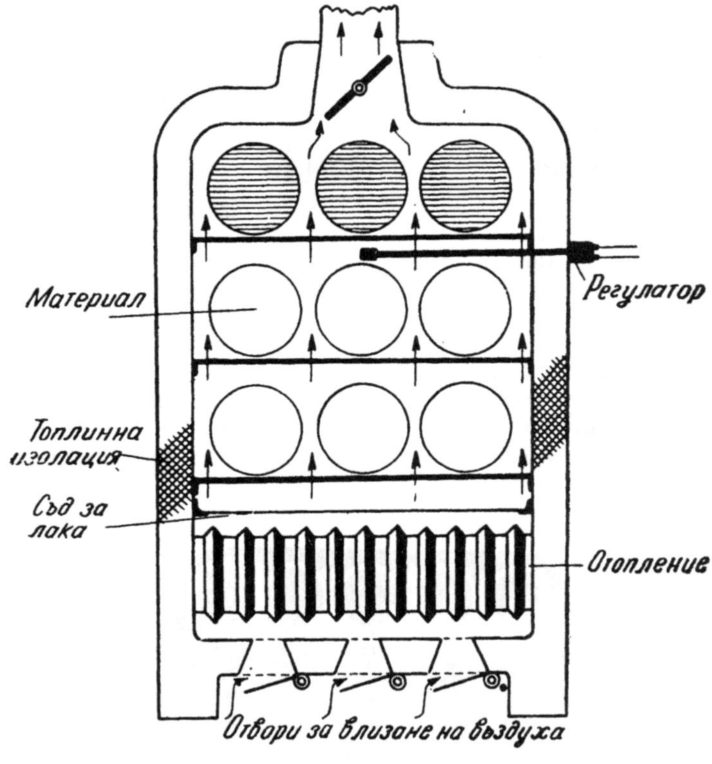

Фиг. 23. Принципна скица на една електрическа сушилна пещ без въздушна циркулация чрез допълнителен вентилатор

сушенето остава непълно и оттук се появява опасността от настъпване на несполуки. Това важи както за маслените лакове, така и за всички други видове импрегнационни лакове, когато се касае за дълбоко изсушаване. Вече бе посочено, че летливите лакови материали са повече или по-малко електропроводими.

Раздел VIII

СУШИЛНИ ПЕЩИ

А. Разглеждане конструкцията на сушилните пещи

В съгласие с нарежданията на охраната на труда пещите за сушене на лакове трябва да имат индиректно отопление и тръбите, които отвеждат дима, трябва да бъдат свързани със специален комин (противопожарни предписания).

По правило сушилните пещи, които се използуват в импрегнационната техника, се правят от стоманена ламарина и профилна стомана, и то с двойни стени. Явяващото се в този

Фиг. 24. Пример на една електрическа сушилна пещ според фиг. 23. Изпълнение с електрическо голямо повърхностно съпротивително отопление посредством един нагревателен трансформатор

случай празно пространство между външните и вътрешните стени се запълва с лоши проводници на топлина (напр. стъклен памук, стерхамол). Разстоянието между вътрешните и външните стени е около 8 — 10 см, в зависимост от големината на пещта и от максималната температура на сушене.

Отоплението (обикновено електрическо съпротивително отопление) се поставя в долната, отделена от работното пространство част на пещта.

Работното пространство има един или повече отвори за влизане и излизане на въздуха с достатъчно напречно сечение. И двата вида отвори са снабдени с регулационен шибър.

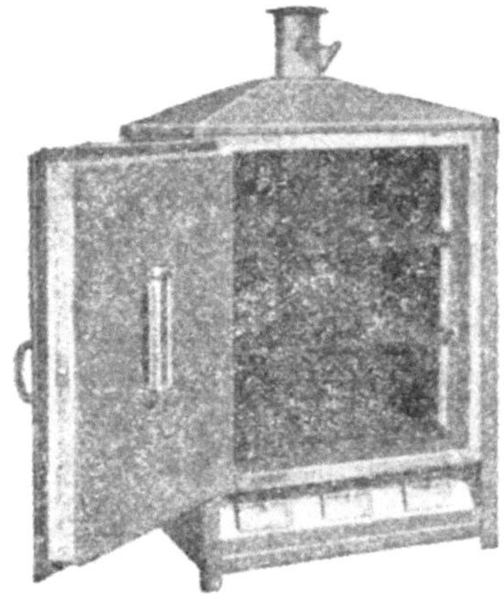

Фиг. 25. Сушилна пещ според фиг. 24 (отворена)

Смукателните отвори съдържат по един въздушен филтър с отопление.

Всяка съвременна сушилна пещ притежава инсталация за измерване и регулиране на температурата, която се състои от един терморегулатор и един термометър.

Б. Боядисване на пещта

Поради термотехнически причини и за предпазване от корозия вътрешните и външните повърхности на сушилните пещи се покриват с термоустойчив, светъл по цвят и съдържащ алуминиев пигмент лак, който обикновено се шприцова.

В. Сушилни пещи с циркулация на въздуха в работното пространство

На въпроса, дали циркулацията на въздуха при дълбоко изсушаване има предимства, не може да се отговори безрезервно утвърдително.

Например чрез бързо движение на въздуха при използването на маслени лакове може да настъпи споменатото вече (нежелателно, преждевременно) изсушаване на повърхността, понеже чрез интензивния приток на кислород образуването на филм при тези лакове се ускорява (вж. фиг. 22).

Когато е необходимо повърхностно изсушаване, напр. при изсушаване на външно лакирани метални или стоманени части (фиг. 21), тогава е желателно краткотрайно изсушаване на повърхността. Затова за тази цел са изгодни и оправдани и сушилни пещи с циркулационни инсталации.

Раздел IX

ИМПРЕГНИРАНЕ НА БОБИНИ С ЕМАЙЛИРАНИ ПРОВОДНИЦИ

Трябва предварително да се каже, че и бобините с емайлирани проводници на електрическите машини, трансформаторите и силнотоковите апаратури по принцип трябва да бъдат импрегнирани с подходящи изолационни пропитъчни лакове, и то не само за сигурност по отношение на напрежението, а главно поради изискваната механична стабилност на бобините (изпичането дава устойчивост срещу късо съединение[1]).

Опасността от разяждане на лаковия филм, от която порано с право се страхуваха, бе отстранена чрез развитието на така наречените **нови материали за емайлиране (лакиране на проводниците**), и то успешно, като се изключат някои особени случаи.

Според DIN 46 435, лист 2 (декември 1954), параграф 2 тези емайлирани проводници се изработват в два вида, а именно:

а) проводници, които се използуват предимно при електрически машини (тип M);

б) проводници с диаметър от 0,03 ÷ 1,0 мм, които се използуват главно при изработването на далекосъобщителни и измервателни уреди (тип F).

Маркировката се отбелязва съгласно параграф 3.2 DIN 46 435, лист 2 върху макарите, на които са навити доставените проводници.

Устойчивостта на емайлираните проводници от типовете M и F спрямо разтворителите е различна.

Съгласно DIN 46 435, лист 2, параграф 17 (устойчивост на лаковата изолация спрямо пропитъчния лак на бобините) наймалките стойности се отбелязват, както следва:

а) емайлирани проводници тип M — твърдост на молив H;

б) емайлирани проводници тип F — по споразумение.

Най-ниската стойност на проводниците тип M се означава със знака за твърдост H (вж. също DIN 46 435, март 1943, стр. 2, параграф G), но това не е достатъчно, тъй като емайлираните проводници от нови материали със синтетични емайлови лакове на базата на поливинилацетат с твърдост 7 ÷ 8 H

[1] Избягва се вибрирането на навивките и последващи от това механически повреди на изолацията. Бел. ред.

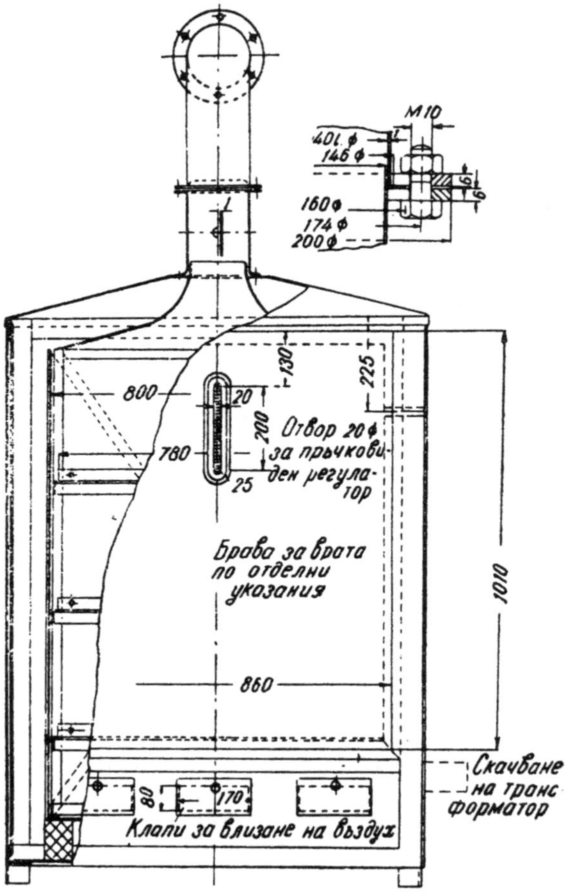

Фиг. 26. Монтажен чертеж (поглед отпред) на една електрическа сушилна пещ с работно пространство от около 80 × 80 × 95 *см* и с мощност от 3 ÷ 5 *ква*. Двустенно изпълнение от профилна стомана и ламарина. Пълно тегло 315 *кг* за температура на сушене до около 120°C, мерена на детайл. Подгряваща мощност около 5 *ква*. Постоянна мощност около 3 *ква*.

Списък на материалите:

0,9 м	винкелови парчета	70 × 70 × 7 мм
9,3 м	„ „	55 × 55 × 6 „
6,5 м	„ „	45 × 45 × 5 „
16,5 м	„ „	30 × 30 × 4 „
12,2 м	Плоска стомана	50,6 мм
48,0 м	„ „	30,4 мм
1 м²	Стоманена ламарина	2 мм
0,5 м	„ „	1 мм

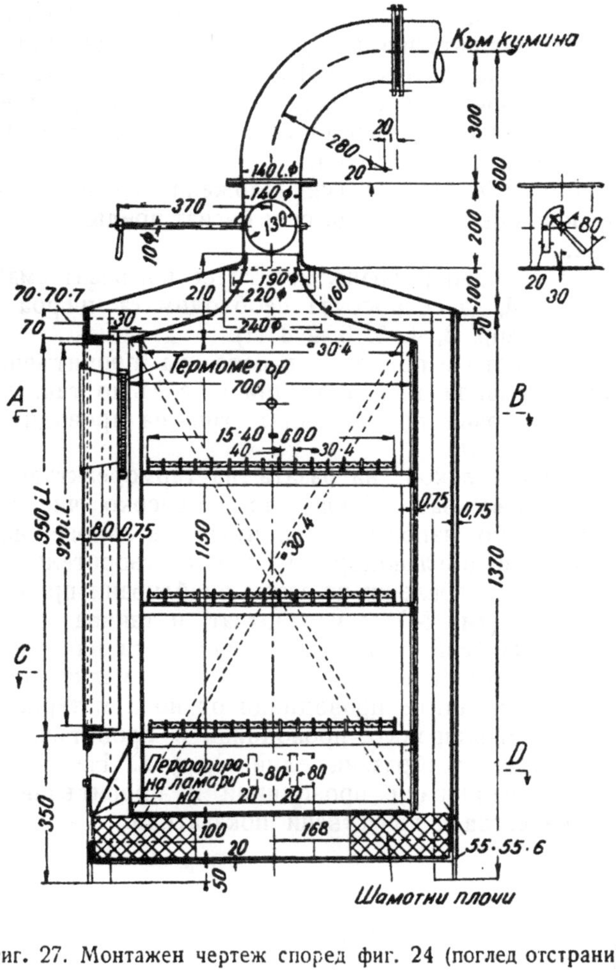

Фиг. 27. Монтажен чертеж според фиг. 24 (поглед отстрани)

Списък на материалите (продължение)

8,0 $м^2$ стоманена ламарина 0,75 мм
7,0 м дистанционна тръба $^{1}/_{4}$ ммG
4 фланеца
6 шамотни тухли
7,2 м обла стомана $^{1}/_{4}$ мм
винтчета
нагревателни ленти

могат да бъдат произведени без затруднение. Въздействието на бобинните пропитъчни лакове върху емайлираните проводници е също така различно (DIN 46 456, стр 2, параграф 13), тъй като разтворителната сила на летливите съставни части на лака е различна в зависимост от суровинния и рецептурния състав на пропитъчните лакове.

Ето защо отбелязаното тук положение трябва грижливо да се вземе под внимание, за да се избягнат предварително разяждащи реакции.

Затова е за препоръчване, когато се поръчват емайлови лакове от типа M, да се посочва необходимата цифра на твърдостта в H (напр. 3, 4, 5, 6 ÷ 8 H).

При избирането и при поръчването на пропитъчни лакове за бобини с емайлирани проводници е също така целесъобразно да се посочва предвиденият тип на проводника и числото на твърдостта.

Пропитъчните лакове на базата на термореактивните изкуствени смоли изискват обикновено по-високо число на твърдостта, отколкото например пропитъчните лакове на маслена база с бензинови въглеводороди като разтворители.

Трябва да се отбележи, че освен емайлирани проводници от нови материали (тип M) се изработват и такива с печени лакове на маслена база (тип F). Устойчивостта на тези проводници спрямо разтворители е обикновено по-малка от устойчивостта на емайлираните проводници от нови материали.

Ето защо емайлираните проводници и пропитъчните лакове трябва да бъдат съобразени едни с други. Не трябва да се употребяват емайлирани проводници и пропитъчни лакове с непознати качества и качествени показатели.

Раздел X

ЗА НАПРАВАТА НА ИЗОЛАЦИЯТА НА БОБИНИТЕ ПРИ ЕЛЕКТРИЧЕСКИТЕ МАШИНИ

Понятието „изолация на бобините" обхваща голям брой отделни материали, които взети заедно, представляват изолацията.

Според експлоатационните изисквания, които се поставят в даден момент пред електрическите машини, отделните материали могат да показват твърде различни особености и качествени показатели. Ефективният качествен показател на една изолация на бобините се обуславя от отделните качествени показатели на материали, които взети заедно, представляват изолацията на бобината.

Тук различаваме главно:

а) материали, поглъщащи изолационния лак;

б) същински изолационни материали (твърди компоненти на изолационните лакове).

Органичните поглъщащи лака материали, напр. памук, целволе, коприна, изкуствена коприна, хартия, прешпан и др., са само средство за постигане на целта. Те получават своята изолационна стойност едва след напояването в подходящи пропитъчни лакове и след добре извършено изсушаване.

Напротив, органичните изкуствени фолии (напр. триацетатните фолии) представляват пълноценни изолационни материали. Напояването на такива фолии с изолационен лак на практика

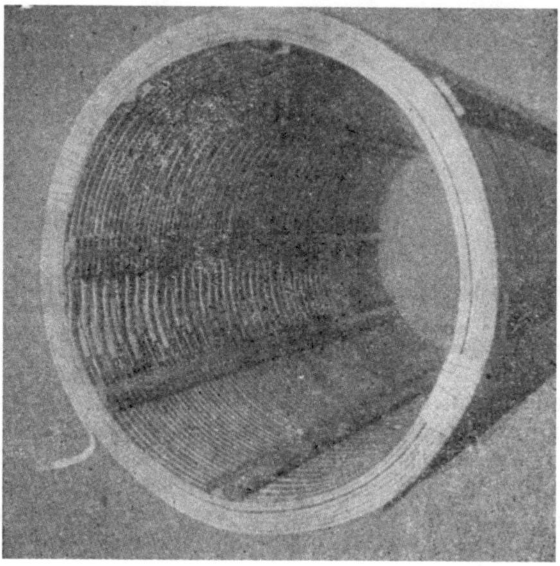

Фиг. 28. Цилиндрична бобина на трансформатор

не е възможно, а не е и необходимо. Между това фолиите са само една съставна част на изолацията на бобините.

Стъклената коприна, както и стъклените тъкани, са от неорганичен произход и още в неимпрегнирано състояние представляват диелектрик, значи изолационен материал. Стъклено-принените нишки и стъклените тъкани сами по себе си не са хигроскопични (способни да поглъщат), т. е. изолационният лак не може да проникне във вътрешността на стъклените нишки.

Фиг. 29. Изолиране на генератор за високо напрежение

Въпреки това и обвивките на проводниците и тъканите от стъклени нишки трябва да бъдат импрегнирани във висококачествени, термоустойчиви пропитъчни лакове (съдържащи силикон или чисти силиконови лакове), а именно:

а) защото вътре в изолацията, респ. в тъканите, съществуват напоени с влага въздушни пространства, които трябва да бъдат запълнени;

б) устойчивостта на изтриване, както и механичната стабилност на нишките и тъканите трябва да се повишат чрез импрегнацията.

Неорганичният изолационен материал слюда също не поема никакъв изолационен лак. В дадени случаи слюдата е почти всякога само съставна част на изолацията на бобината. Като многопластова изолация на нутовете, свързана напр. с висококачествена хартия и клеещ лак, слюдата се употребява под названието „микафолии".

За направата на изолацията на бобините решаващи са главно следните положения:

1) стойност на работното напрежение;

2) топлинно влияние (клас на материала A, Ah, B, C);

3) атмосферни влияния на мястото, където се използува машината (влажност, газове, основи, тропици и др.);

4) механично натоварване (натиск, опън, вибрации, изтриване);

5) вид на работата (вж. също таблицата на края на книгата).

Според **клас на термоустойчивост A** една изолация на бобината може да бъде съставена, както следва:

6) изолиране на проводниците с памучна материя (бандажиране на елементите на бобината с жакардови ленти);

7) преш ıан като изолация на нутовете;

8) триацетатно фолио като прибавка към изолацията на нутовете;

9) изолационен пропитъчен лак+покривен лак.

Според **клас на термоустойчивост B** изолацията на бобината може да бъде съставена, както следва:

10) изолиране на проводника със стъклена коприна;

11) бандажиране на елементите на бобината с ленти от стъклена коприна;

12) изолация на нутовете от импрегнирана стъклена тъкан;

13) съдържащ силикон пропитъчен лак или чист силиконов лак.

Като мярка за качеството с оглед на термоустойчивостта на изолацията на бобините може да се вземе стойността на устойчивостта на онези материали, които представляват главната част на изолацията на бобината.

Но все пак не е целесъобразно при направа на изолацията на бобината да се използуват като изолация на проводниците стъклена коприна и като изолация на нутовете прешпан с прибавка на изкуствено фолио. Високата термоустойчивост на обвивката от стъклена коприна тук няма значение, защото изолацията от прешпан на нутовете спада към клас на топлината A и представлява важна съставна част на изолацията на бобината.

Също така неблагоприятно е положението, когато за изолация на проводниците, за изолация на нутовете и за бандажиране се избере стъклена коприна, а за импрегниране на цялата изолация на намотката се използуват например органични пропитъчни лакове. Тези изолационни лакове спадат към клас на материала A, докато всички други споменати материали спадат към клас B. В този случай оценката трябва да става според клас A — Ah.

Във всеки случай пропитъчният лак е решаващ фактор за качеството на изолацията на бобините.

Раздел XI

ПРИМЕРИ НА ИЗПОЛЗУВАНЕ НА РАЗЛИЧНИТЕ ВИДОВЕ ИЗОЛАЦИОННИ ЛАКОВЕ

Различните видове изолационни лакове се използуват главно съобразно с експлоатационните изисквания, които се поставят пред електрическата машина. Трябва да се вземат под внимание следните фактори:

1) работно напрежение (VDE 0 530/2.51 §§ 48 ÷ 53);

2) конструкция на машината (отворена, затворена, вентилирана);

3) начин на работа (VDE 0530/2.51 §§ 28 ÷ 30);

4) температура на бобината (VDE 0530/2.51 §§ 31 ÷ 40);[1]

5) атмосферни условия на мястото, където работи машината (влажност, изпотяване, тропически климат, химически замърсявания на охлаждащия въздух, ненормален студ, ненормална горещина, буря и т. н.);

6) често изменяне на посоката на въртене (реверсивност), често включване, електрическо спиране, условия на задвижване (задвижване при полунатоварване, пълно натоварване, тежко натоварване), натоварване на удари, претоварване;

7) поява на преднапрежения в мрежите за високо напрежение (при машини за високо напрежение и трансформатори);

8) механично натоварване на бобините чрез токови удари и динамични силови въздействия върху елементите на бобините, центробежни сили при въртящи се бобини, вибрационни сили, натоварвания по отношение на опън и натиск, изтриване от частици в охлаждащия въздух.

От опит се знае, че при неподвижни бобини лесно може да се постигне сигурност по отношение на напрежението до

---

[1] Според новия проект VDE 0530/ . . . 54 класите на материала Y, A, E, B, F, H и C са предвидени съгласно предложенията на Международната електротехническа комисия.

около 500 волта. В работно състояние на бобините се явяват обаче влияния и процеси, които намаляват в по-голяма или помалка степен сигурността по отношение на напрежението; тук трябва да се спомерат като извънредно важни влияния:

а) температурата на бобината;

б) степента на натоварване на бобината;

в) механичното натоварване на бобината.

Споменато бе вече и бе изяснено чрез графични изображения, че проходното съпротивление между изолацията и бобината при повишаваща се температура и увеличаваща се влажност на въздуха значително намалява.

Много по-решаващо действува обаче едновременното механично натоварване на елементите на бобината върху продължителността на живота на изолацията на бобината (опън, натиск, изтриване, вибрации).

Продължителните изследвания и наблюдения доказаха, че по-големият брой пробиви на намотките се дължат на преждевременното механично износване на изолацията на бобините.

На следващата таблица са показани най-важните влияния и са споменати изолационните лакове, които отговарят найдобре на сега съществуващите експлоатационни изисквания.

Таблица

№ по ред	Видове машини, условия на задвижване, конструкция, място на работа, атмосферни влияния и т. н.	Подходящи видове пропитъчни лакове	Брой на импрегниранията, покривни лакове
1	2	3	4
1	**Малки колекторни електродвигатели** с високи обороти (голямо натоварване от центробежна сила) клас на материала A—Ah	а) за бобина на котвата — термореактивни изкуственосмолни лакове б) за бобини на полюсите — маслено-пропитъчни лакове	Еднократно потапяне, сушене в пещ + предпазно покриване, сушене на въздух
2	**Трифазни електродвигатели с накъсо съединен ротор,** всички конструкции за напрежения до 500 волта, 50 хц, поставени в затворени, проветрявани и отоплени помещения, клас на материала A—Ah	Термореактивни изкуственосмолни лакове (бобините на статора са механично силно натоварени от високи пускови токове)	Еднократно потапяне, сушене в пещ + предпазно покриване, сушене на въздух

Продължение

№ по ред	Видове машини, условия на задвижване, конструкция, място на работа, атмосферни влияния и т. н.	Подходящи видове пропивъчни лакове	Брой на импрегниранията, покривни лакове
1	2	3	4
3	Също такива, за често включване, изменяне на посоката на въртене, електрическо спиране, задвижване при пълно и тежко натоварване, натоварване на удари, явяващи се при работа вибрации, както точка 2, клас на материала A—Ah	Термореактивни изкуственосмолни лакове (от бобините на статора се изисква до голяма степен устойчивост срещу късо съединение)	Двукратно потапяне, сушене в пещ
4	Както точки 2 ÷ 3, но освен това за повишено топлинно натоварване на изолацията на бобината, понякога за клас на материала извън Ah	Термореактивни, съдържащи силикон изкуственосмолни лакове за температури на сушене 130 ÷ 140°C (изолацията на нутовете е от импрегнирана стъклена тъкан, бандажиране на елементите на бобината със стъклена тъкан	Двукратно потапяне, сушене в пещ според предписанията на доставчика на лака
5	**Електродвигатели с навит ротор,** натоварване по точки 3 ÷ 4, колона 2	Термореактивни изкуственосмолни лакове за статорни и роторни бобини. По точка 4, колона 2; съдържащи силикон термореактивни изкуственосмолни лакове	Двукратно потапяне, сушене в пещ според указанията на доставчика
6	**Електрически машини от всички видове за употреба в тропически и субтропически области**	а) термореактивни изкуственосмолни лакове б) термореактивни, съдържащи силикон лакове в) за изолация на нутовете и др. да не се употребяват неорганични материали	Двукратно потапяне, сушене в пещ по указания на доставчика (препоръчва се вакуумно импрегниране)
7	**Електрически машини, трансформатори и силнотокови апаратури** за топлинно натоварване според VDE — клас на материала B—C	Силиконови лакове, изолация на нутовете и др.: от неорганични материали (импрегнирани стъклени или азбестови тъкани, микафолии)	Двукратно потапяне, сушене в пещ при подходяща температура по указание на доставчика

№ по ред	Видове машини, условия на задвижване, конструкция, място на работа, атмосферни влияния и т. н.	Подходящи видове пропитъчни лакове	Брой на импрегниранията, покривни лакове
1	2	3	4
8	**Електрически машини от всички видове,** работещи на открито или в помещения със сравнително висока относителна влажност (също с високо съдържание на влага поради обливане с вода, пръскане с вода, мъгла)	а) при нормално експлоатационно натоварване: пропитъчни лакове на маслена база б) при повишено експлоатационно натоварване: термореактивни изкуственосмолни лакове е) при повишено експлоатационно натоварване: термореактивни, съдържащи силикон изкуственосмолни лакове	а) двукратно потапяне в пещ + лакова покривка за предпазване от влага, сушене на въздух б) двукратно потапяне, сушене в пещ + покриване с лак против влага, сушене на въздух в) двукратно потапяне, сушене в пещ + лакова покривка за предпазване от влага (препоръчва се импрегниране под вакуум)
9	Като точка 8 Машините са поставени в затворени помещения или на открито, но при **повишено съдържание на киселинни пари в охлаждащия въздух**	а) при нормално експлоатационно натоварване: пропитъчен лак на маслена база б) при повишено експлоатационно натоварване: термореактивни изкуственосмолни лакове	Двукратно потапяне, сушене в пещ + лакова покривка за предпазване от киселини; сушенето в пещ е за препоръчване
10	Също като точка 8 Машините са поставени в затворени помещения или на открито, но **охлаждащият въздух е с повишено съдържание на алкални пари**	а) при нормално експлоатационно натоварване: пропитъчни лакове на маслена база б) при повишено експлоатационно натоварване: термореактивни изкуственосмолни лакове	а) еднократно потапяне, сушене в пещ + лакова покривка за предпазване от основи; сушенето в пещ е за препоръчване
11	Също като точка 8, колона 2, но а) поставяне на машините в затворени помещения или на открито б) **охлаждащият въздух е с повишено съдържание на химикали**	а) при нормално експлоатационно натоварване: пропитъчни лакове на маслена база б) при повишено експлоатационно натоварване: термореактивни изкуственосмолни лакове	а) еднократно потапяне, сушене в пещ + лакова покривка за предпазване от химикали; сушенето в пещ е за препоръчване

№ по ред	Видове машини, условия на задвижване, конструкция, място на работа, атмосферни влияния и т. н.	Подходящи видове пропитъчни лакове	Брой на импрегниранията, покривни лакове
1	2	3	4
			б) еднократно потапяне, сушене в пещ + лакова покривка за предпазване от химикали; сушенето в пещ е за препоръчване
12	**Електрически машини за високо напрежение с шити бобини, мощност около 100 квт** Поставяне в затворени, проветрявани и отоплени помещения, клас на материала A—Ah	Препоръчва се употребата на предварително импрегнирани проводници. Да се употребяват неутрални средства за плъзгане а) при нормално експлоатационно натоварване: висококачествени пропитъчни лакове на маслена база б) при повишено експлоатационно натоварване: висококачествени термореактивни изкуственосмолни лакове	Препоръчва се потапяне под вакуум а) двукратно потапяне, сушене в пещ + предпазна лакова покривка, сушене на въздух; сушенето в пещ е за препоръчване б) двукратно потапяне + предпазна лакова покривка, сушене на въздух; сушенето в пещ е за препоръчване
13	**Трансформатори с маслено охлаждане**	а) устойчиви на масло пропитъчни лакове на маслена база б) трансформаторно-компаундна маса в) трансформаторно-компаундна маса	а) препоръчва се двукратно потапяне под вакуум, сушене в пещ на навитите върху форми бобини б) прилагане на студенопластични устойчиви на масла компаундни маси при навиване на бобините, сушене в пещ на навитите на форми бобини
14	**Електрически машини с двупластови формирани бобини за високо напрежение** (средни и големи мощности). Поставяне в затворени, проветрявани и отопливани помещения, клас на мате-	Импрегнирания на готовите за монтиране формирани бобини а) висококачествени маслени лакове б) висококачествени еластични термореактивни изкуственосмолни лакове	Препоръчва се импрегниране на формираните бобини под вакуум а) еднократно потапяне, сушене в пещ

№ по ред	Видове машини, условия на задвижване, конструкция, място на работа, атмосферни влияния и т. н.	Подходящи видове пропитъчни лакове	Брой на импрегниранията, покривни лакове
1	2	3	4
	риала Ah; при повишено топлинно натоварване клас на материала B Формираните бобини съдържат обикновено многопластова изолация на нутовете от микафолии, които се формират под топлина и натиск. Готовите за монтиране бобини трябва да бъдат толкова еластични, че необходимите подобрявания да могат да се направят ръчно. Необходимата устойчивост на бобините спрямо късо съединение може да се постигне след монтирането, като се използуват термореактивни изкуственосмолни лакове	След импрегниране и изсушаване на бобините: изолиране на бобините с микафолии и последващо бандажиране и монтаж на бобините в) след направа на бобините: импрегниране в по-гъсти термореактивни изкуственосмолни лакове с голяма способност за изпичане	б) еднократно потапяне, сушене в пещ в) еднократно потапяне, сушене в пещ+предпазна лакова покривка, сушене на въздух; по-добре сушене в пещ

ДОПУСТИМИ ГРАНИЦИ НА НАГРЯВАНИЯТА ПРИ БОБИНИТЕ НА ЕЛЕКТРИЧЕСКИТЕ МАШИНИ СПОРЕД VDE 0530/2.51, ДОПЪЛНЕНИЕ ОТ 1953 И НОВ ПРОЕКТ VDE 0530/... 54

Допустимите граници на нагрявания (топлинна устойчивост) при бобините на електрическите машини са определени чрез указателни стойности от **Правила за електрическите машини VDE 0530/2.51, Допълнение от 1953 г.**

Като взима за основа една максимална средна температура на охлаждане от $+35°$ C (§ 39), таблица IV съдържа следните стойности на допустимите граници на нагрявания за отделните класи на материалите

Клас на материала A — 60° C

Клас на материала Ah — 80° C

Клас на материала B — 80° C

Клас на материала C — само ограничена от влиянието върху съседните изолирани части.

Тези цифри представляват максималните стойности и се отнасят за всички бобини на електрическите машини. Изключения: еднопластови полюсни бобини общо, също на роторни бобини, двупластови полюсни бобини. За тези бобини границите на нагрявания са:

Клас на материала A — 70° C
Клас на материала Ah — 80° C
Клас на материала B — 90°C

Допустимите граници на нагрявания на колектори и пръстени възлизат на 60° C, за лагери — 45° C, за активна стомана (пакет) с положени намотки — както бобините.

Оттук се получават следните максимални допустими гранични температури:

Клас на материала A — 60 + 35 = 95° C
Клас на материала Ah — 80 + 35 = 115° C
Клас на материала B — 80 + 35 = 115° C

Те важат за всички бобини с вече споменатото изключение..

Указанията на REM—VDE 0530/2.51, Допълнение от 1953 год. междувременно бяха преработени от компетентните VDE-комисии по нормите и бяха нагодени към сегашните условия.

Резултатът от тази преработка намери ясен израз в

VDE — проект 0530/....54*

С оглед на класите на топлинната устойчивост проектът към предложенията на Международната електротехническа комисия (IEC) според състоянието от началото на 1954 г. предвижда по-голям брой класи на топлина и други означения за тях. Освен това в основата на стойностите на границите на нагряванията лежи една **средна температура на охлаждане от + 40° C (досега + 35° C).** (Виж таблицата на стр. 53).

Докато Правилата по VDE 0530/2.51, Допълнение от 1953 год. за класите на материалите A, Ah, B и C не съдържат конкретни данни за суровинната структура на свързващото средство (пропитъчните лакове), в новия проект VDE 0530/.... 54 са дадени точни данни поименно за въпросните свързващи средства и те са означени според суровинната база. Например за клас на материала B са споменати като свързващи средства масленомодифицирани алкидални лакове, масленомодифицирани фенолформалдехидни лакове, полиуретан-лакове и шеллак.

---

* Според съобщение на VDE трябва този проект на VDE—REM 0530/...54 да влезе в сила през юли 1955 г.

Следващата таблица показва ясно това

Клас	Означение на материалите	Граница на нагряване	Гранична температура
1	2	3	4
У	органични материали, ненапоени	50° C	90° C
А	органични материали с органично свързващо средство	65° C	105° C
Е	емайлирани проводници	80° C	120° C
В	неорганични материали с органични свързващи средства	90° C	130° C
	неорганични материали с особени органични свързващи средства	115° C	155° C
Н	неорганични материали, например със силикони	140° C	180° C
С	неорганични материали без свързващо средство	—	над 180° C

Тези електроизолационни лакове са следователно за една максимална температура на бобините от 130° C и при постоянен товар.

ПОЯСНЕНИЯ КЪМ СПЕЦИАЛНИТЕ ИЗРАЗИ В ЛАКОВАТА ТЕХНИКА

1. Окисляване

В процеса на съхненето изолационните лакове на суровинна база на съхливите масла подлежат на един химически процес, който в езика на специалистите се нарича **окисляване**. Тук се говори и за окислително втвърдяващи се (съхнещи) лакове.

Под окисляване се разбира поглъщането на кислород от страна на лаковите тела. Това води до същинското образуване на филм.

Точно казано, маслените лакове съхнат:

а) по време на един физически процес;

б) непосредствено по време на един химически процес.

В първия случай се изпаряват летливите съставни части на лака (физически процес), във втория случай кислородът от въздуха+топлината въздействува върху още пластичната лакова маса и едва чрез този химически процес (окисляване) се извършва съхненето (образуване на филм).

2. Кондензация

При съхненето (втвърдяването) термореактивните изкуственосмолни лакове подлежат също на един химически процес, който в езика на специалистите се нарича **кондензация**.

Този процес е свързан пак с един физически процес, но протича по друг начин, различен от този при окисляването.

В случая а) течните съставни части на лака се изпаряват.

В случая б) химическият процес се извършва не под влиянието на кислорода от въздуха, а само чрез топлина. Затова тук се говори за топлинно втвърдяващи се лакове.

Терминът „кондензация" може да се замени с „уплътняване", т. е. течната лакова маса се уплътнява под влияние на топлината (втвърдяване = образуване на филм).

3. Полимеризация

При преминаването си от течно в твърдо състояние несъдържащите разтворител (практически съхнещи без свиване) лакове и изливани смоли подлежат на един химически процес, който в езика на специалистите се нарича „полимеризация". Изразът „полимеризация" може да се замени с „верижност". Този процес се предизвиква и завършва чрез един или няколко катализатора.

4. Катализатор

Описаният процес се нарича на езика на специалистите „катализа", защото се предизвиква и завършва чрез катализатори.

Наименованията катализа и катализатор са взети от гръцки език.

Под катализатор се разбира вещество, което ускорява една химическа реакция (= обратно действие — противодействие), но самото то остава привидно непроменено.

Означението „катализа" идва оттук.

5. Неорганично — органично

За изолацията на бобините се употребяват както материали от органичен, така и материали от неорганичен произход.

И двете наименования са взети от гръцки език и означават:

а) органични материали са тези, които растат в природата, т. е. принадлежат към един организъм, към едно живо същество — естествени смоли, съхливи масла и др.

б) неорганични материали са, напротив, „неживи материи", напр. слюда, стъкло, азбест и др.

6. Синтетично

Синтетично (от гръцки език) означава „изкуствено съставено" (синтетични изолационни лакове); синтеза = съставяне.

7. Хигроскопично

Изразът „хигроскопично" е взет от гръцки език и означава „поглъщащ влагата". Съдържанието на влагата на въздуха се измерва с хигрометър (hygros = мокър).

8. Капилярност

Тази дума идва от латински език и означава „сила на поглъщане в капилярни тръбички". Един капиляреи съд е тясна тръбичка с отвор като косъм или памучно влакно. Пропитъчният лак се поглъща от тези капилярни тръбички.

АЗБУЧЕН УКАЗАТЕЛ

СЪДЪРЖАНИЕ

Родактор *Ат. Николаев*

Техничеоки редактор *М. Зайчарова* Коректор *С. Кирекова*

Дадена за набор на 4. VII. 1958 г. Подписана за печат на 7. VIII. 1958 г.
Издателски № 180 III—2 Формат 59|84|16 Тематичен № 1081
Издателски коли 3,12 Тираж 1500 Печатни коли 3,75
Цена 1,80 по ценоразпис от 1955 г.

Печатница БЗНС — София — 640

Bei Fragen zur Produktsicherheit wenden Sie sich bitte an:
If you have any questions regarding product safety,
please contact:

Walter de Gruyter GmbH
Genthiner Straße 13
10785 Berlin
productsafety@degruyterbrill.com